谨以此书献给我挚爱的妻子管清霞女士

盛紫玟

生命管理学

盛紫玟　著

中国商业出版社

图书在版编目（C I P）数据

生命管理学 / 盛紫玟著. --北京:中国商业出版社, 2017.8
ISBN 978-7-5044-9998-1
Ⅰ. ①生… Ⅱ. ①盛… Ⅲ. ①生命科学-研究 Ⅳ. ①Q1-0
中国版本图书馆 CIP 数据核字(2017)第 192681 号

责任编辑：朱丽丽

中国商业出版社出版发行
（100053　北京广安门内报国寺 1 号）
010-63180647　www.c-cbook.com
新华书店经销
大厂回族自治县彩虹印刷有限公司

*

880 毫米×1230 毫米　1/32 开　4.5 印张　48 千字
2017 年 12 月第 1 版　2017 年 12 月第 1 次印刷
定价：45 元

* * * *

序

人与大自然的万般生灵一样，都是天地所生。被生、被养、生长、长成、衰老、被灭（死亡），无一不是受自然所掌控。

人与大自然所有生命一样，完全顺遂自然、生生灭灭，正常地生活、代代繁衍、生生不息。

而人——万物之灵长，从自然人进入人类独有的、文明的社会人，身心经受着太多纯自然无法比拟诸多事宜。

特别，在21世纪的今天，太多的人已经

从人类生、老、病、死的社会历程中脱颖而出，直接生、病、死，把“老”的环节和过程都删除了！这是人类畸形发展表征，是极不正常的表现。

如果，人们从小就学习“生命管理学”，就懂自己、就了解生命的根本，一定可以避免进入这畸形状态。

我是谁？我从哪里来？我来做什么？做完了我到哪里去？……希望在这里你可以找到答案！

本书从“生命的认知”、“生命的管理”生命演变必然遵循的“生命的十大规律”等方面，抛砖引玉、提纲挈领，担当起创立“生命管理学”学科的重任。他是完整的，但不是完善的。

本书的宗旨：

一、作为“生命管理学”学科的历史丰碑。

二、让“生命管理学”的概念深入人心。

三、让“生命管理”的观念深入人心。

四、让“生命自治、生活自理、健康自控、疾病自疗”的生命管理理念深入人心。

五、让“健康、富足、幸福地走过 123 岁”的生命管理信念深入人心。

盛紫玟

2017 年 7 月 22 日

于皇家加勒比海洋量子号

目 录

导语：认识生命的真相

生命是什么？让我们先来看看下面这些奇妙的生命现象：

小海龟长大后，从茫茫无际的大海里回到当年自己出生的地方产卵。凭什么能找回去？

胡狼在妈妈再生宝宝时，不论相隔多远，都会捕个猎物叼到妈妈身边，帮助妈妈喂养自己的弟弟妹妹。凭什么知道妈妈生宝宝了？凭什么能找到妈妈？

大象彼此用自己粗壮的、看上去笨笨的脚接受和传递信息。如此精细，如何做到？

熊，每年5个月至7个月没有食物吃，却照常健康地传承。

小角马出生几分钟就可以跟着妈妈奔跑了。

鹰可以看到并分辨12种颜色，而人只能看到并分辨7种颜色。

有一种蜥蜴，逃命时自断一条腿，之后几个小时就可以重新长出。

鹤，在南北迁徙的过程中，有一部分会消耗自己的肠来做养分，到达目的地后，两个星期之内就恢复了。

有一种蜜蜂，本来当它们衰老了，会在一夜之间“退休”——全部死亡。但如果年轻的工蜂还没有长大，这批衰老的工蜂会在一夜间返老还童，变成年轻的工蜂，然后重新工作。

人的肝，切除三分之二，两个星期之内又可以重新长好。

如果你自己被强行放到非洲大草原上，三年后，只要你还能回来，参加奥运会的短跑、跳远肯定遥遥领先，成为第一名。

……

生命是奇妙而伟大的！那么生命的真相是什么？人类如何认识生命？其实，生命对于任何人来说，都是一个常议常新的话题。开启认知之旅，要放眼浩瀚宇宙，聚焦到人类自身，这能帮助我们认识生命的本质和意义。

地球，与宇宙中的所有星球一样，都是宇宙中的生命个体，都是一个时空。

人，与地球上所有生命一样，都是地球的寄生生命。所有的寄生生命，都是彼此依存、彼此消受、彼此生养、彼此关联、彼此制约的。

人，同生同源于各个物群，却又随文明的进步独立于大自然，成为万类生灵，并成就了“人类文明社会”——凭借对自然的认识、应用，创造、构筑了有别于自然的社会经济基础、社会上层建筑和人类发现发明创造的成果。

人类在享受自己创造的文明成果的同时，越来越感觉到因违背自然而带来的种种弊端、危机甚至危害。

人类虽然对自身以外世界的认知和改造突飞猛进，但对自身生命的认识远远不足，生命中还有许多科学无法解读的奥秘，因此人类需要跟进。

生命是一个时空范畴。生命的出现、成长、衰退及衍化等等，都是在一定的时空发生的。在这之中，“生老病死”是一种自然现象，对此，21世纪的人更多的是只经历“生、病、死”，没有机会经历“老”的过程，就被疾病夺去了生命，成为极为严重的社会现象。《生命管理学》旨在帮助人们直接经历“生、老、死”，而不再经历“病”的苦。

一、生命管理必须到来

生命管理，是就人类这种特殊生命的管理（因为其他种群完全还处于自然状态，不需要管理）。管理一定出效益。生命管理的效益，就是管理出更好的生命状态，具体说，即更健康、更长寿、更高的生命品质，甚至整个生命个体的超越与圆满。

1. 为什么需要生命管理

人类从原始走向现代、从蒙昧走向文明，离自然越来越远，因而对自身所拥有的本有能力、能量，因“用进废退”而了解得越来越少。同时，人类对自然资源的应用越来越广泛、彻底，而对自有资源却因为了解得越来越少，应用得也就越来越少。

进入21世纪，人类更是遇到了前所未有的大麻烦——日益强大的疾病，诸如高血压、高血脂、高血糖、糖尿病、肿瘤、心脑血管病、肥胖等等，高得惊人的发病率！同时，人类自以为了不起的医学越来越发达、越来越强大，而面对疾病却越来越显得苍白无力。

人类要前进，就要解决这一系列矛盾。于是，生命管理，应运而生！

2. 生命管理，重在研修

所有的人都排着队走向死亡，还有些人不自觉地在赶往前边插队。我们只是从队列中“拎”出一些有缘人，研修生命管理，学习养生、站桩、打坐、陪伴家人。就在这不经意间，研修者忘了排队的事，同时也成为了忘年人。

二、生命管理的理念

人类的疾病、人类的医学，是人类长期以来相互作战的两大对手，彼此都越战越强大。但人类的生命却成为最无辜的战场，最大的牺牲品，最可怜的对象。人类面临的疾病，在人类看来无法战胜，但对于自然来说却易如反掌。自然无比强大，大自然中的所有生命，只因为生于斯、长于斯，以自然为法度、谨遵自然之道，就可以生生不息，代代繁衍。人类的远古祖先们，与所有生命一样，虽然没有医学、没有药物，却可以生生不息、代代繁衍，只是因为自然。

生命管理，就是明自然之本、依自然之理、顺自然之道、和自然之法，使人类能够生命健康、生活精致、格局拓展、能量升华、长寿善终。为此，生命管理的理念是：生命自治，生活自理，健康自控和疾病自疗。

1. 生命自治——顶层设计与自我管理

目标：

宽度：健康、富足、幸福、使命；

长度：走过123岁

一个人的生命没有别人可以代管，外因只有通过内因才能起作用。因此，生命自治强调对生命进行顶层设计，实施自我管理。

人们虽然明白生命本来的真实状态、明了自然的本有状态、明白自然人到社会人到文明程度极高的社会人，但是已经忘记、忽略了本有状态。这个时候，借助外力、借助外因，加之应用我们自身强大的生命能量、强大的主观能动性、强大的心灵力量、强大的心灵能量理治生命，就可以有效保障生命个体无疾无病、持久健康，保障生命个体充满力量、充满能量。由此，可以精神快乐，肌体也能拥有满意的寿数——走过 123 岁。

2. 生活自理——生命因有用而被创生

生命的过程是一个用与被用的过程，一个能量流变的过程。在这个过程中，生命因有用而被创生。所谓生活自理，就是从主观的认知、计划定位，到落实到具体的实践当中去，从而让生活由粗糙变得精致。

太多人在物质条件越来越好的情况下，由于惯性使然，并没有让生活的品质与条件成正比。生活的点点滴滴、时时刻刻、处处在在，都是累积成生命的过程。而这个累积过程应该进行一定的计划、安排，以便在日常能够更加合理地应用。只有这样，才能让生活的过程因计划、在意而变得高效、有品质、有品位，变得精致！

生命是借来的、生命是被安排来的、生命是临时的、生命都是因为某种特定的用途而被创生的。每一个人的生命，都像自然界中的所有生命一样，都是因某种公用而被创生，用完就还回去，或者说被毁掉重新创建。

3. 健康自控——健康的状态需要管控

所谓健康，我的理解它应该有三层含义：

第一，身体没有任何不通的现象，没有任何不通的迹象；

第二，心态平和，不会被情绪左右，能够有效驾驭情绪和合理应用情绪；

第三，与人交往、处事之时，能够应对从容、随和、不惊不怖，做到宠辱不惊！由此可见，健康是一种状态，而这种状态是可以管控的，而且必须自我掌控。

人类的肌体本就具备自我修复的能力。如：

剖腹产伤口是自愈的；

身体的所有伤口是自愈的；

骨骼破裂、断裂是自愈的……

如果应用心灵的力量进行自我掌控、自我疏通，自愈力就会提高，自愈就会更高效。

总之，人的情绪虽然是外因引起、自内而发的，但发与不发，心灵可控。

4. 疾病自疗——根除疾病，重在自疗

要自疗先要认清病根。现代人疾病的病根主要有这样几个方面：

一是血液，血液问题的根源在吃喝，吃喝的问题主要是多、杂、乱。

二是由于欲望过强、攀比太多、计较太多、得失心太重、社会压力大、家庭负担重等造成的。

三是作息不规律，本来是“日出而作、日落而息”的生活状态，变成了该睡不睡，

不该睡时却总想睡的无规律状态。

四是长期恒温、熬夜，依赖药物、胡乱用药，以及恐惧害怕等其他一些原因而导致的疾病。

认清了病根，如何自疗呢？这就需要发挥以下几方面的本有能力：

一是**免疫力**。人体随环境的变化，会被外来的因素、外来的信息所影响，生命体有惊人的、超乎想象的免疫力，可以消除外来的一切干扰和影响，甚至伤害。

二是**自愈力**。伤口愈合、骨骼断开重新接上都是生命体自愈的，自愈力的强大，非人力所能比拟，非人力所能为。

三是**修复力**。生命体和组成生命体的所有器官、所有组织、所有系统、所有细胞都可能受到损伤，但都能在相互帮助、相互配合、相互促成、相互支持中得到修复，最终恢复正常。

四是**适应力**。随季节的变化，天气严寒酷暑、冷暖、寒热的变化，生命体有能力内调自身肌体，以应对外界气温的变化，保障身体内在温度的相对稳定，保障内在整体机能的正常运转，保障内在一切生理功能的恒常稳定。

自愈力、免疫力、修复力、适应力都会被外来的物质所影响，都会被人类过多的干预所伤害，用进废退，甚至失去其功能。因此，自疗过程中要屏蔽负面影响，扬正抑邪，充分发挥它们的功能。

三、生命管理的前提——认知生命

生命管理的前提是认知生命。要对我们的生命进行管理，就要认知自己、认知生命、认知真实。要认知自己就要进入自己；要认知生命就要进入生命；要认知真实就要进入真实。

1. 生命的软件与硬件

一个生命个体，由一个软件和一个硬件组成，软件是整个生命个体的主宰；硬件是生命个体的物质构成。

先来说软件。

什么是软件？软件的另一个名字叫作心灵。心灵是一种强大的能量，可以显化为无穷力量。

这里不妨做个实验：

首先，伸出左右两手，看一下两个手掌根部各有一条横纹，把两手横纹重合、对齐再合上两掌，看到两个手掌是一样的。接着，放下右手，平伸左手，放松，然后臆想整个左手掌长（zhǎng）长（cháng），这样不停地重复臆想，连续想两分钟，再把左右两个手掌跟之前一样比过，会发现左手掌真长（zhǎng）长（cháng）了。最后伸出左手，臆想一下短回去，会发现立即恢复。

由此可见心灵的力量！

心灵分为表层心灵和深层心灵。

表层心灵指的是思维。这是由视觉、味觉、触觉、嗅觉和听觉五大知觉直接捕捉到的、未经整理的、原始的、客观的反应。

深层心灵指的是意识。它一方面是个体生命的幕后主宰或称为个性心灵，另一方面是所有个体幕后主宰的总和或称为共性心灵。

每个个体的心灵都有自己的特点，这是心灵的个性特征。每一个个体包括每一个人，以及每一头猪、每一头牛、每一只猫、每一只蚊子、每一棵树、每一棵草等等，它们都有自己的个体心灵，主控着自己被创生直至被毁灭重塑的全过程。

个性心灵的构成来自于四个方面：

一是遗传：来自父母亲的遗传。一颗受精卵开始受精看上去简单，却是整个人类、整个自然生命、整个地球最先的多细胞生命，由此再追溯到单细胞生命，会发现遗传从未断绝过的延续性。

二是积累：来自从那颗受精卵开始时一瞬间，在这一瞬间，每个生命个体就已经接受了一切信息。

三是生生世世的积累：来自个性心灵每次被安排、被重组、被委以不同功用、没有间断的积累，或称为生生世世的积累。

四是使命：此生，即这一次被安排的功用，也就是出使这一趟的主要任务，或称为出使这一趟的使命，即此生的使命。

个性心灵用完，则还回到共性心灵。所谓共性心灵，是为所有个体提供个性心灵、总纲一切个体生命的主宰者，成为共性心灵，就会总控一切。

再来说硬件。

什么是硬件？硬件的另一个名字叫作身体。身体的使命是被心灵借用、应用，身体是心灵的载体。身体的功用是健康、持续、稳定、耐久的完成载体的功用。用完还回大地。

身体的构成来自于三个方面：

一是由最初的受精卵——原始细胞分裂变化的细胞为基础，组成的各种组织、器官、系统所构成。

二是由骨骼、肌肉、血液、筋膜、五脏六腑经特殊组合构成。

三是由消化吸收、觉知、神经、生殖、代谢、经络、操控等系统精密结合构成。

身体与心灵的精密结合，形成了完美的生命个体，同时也决定了生命的层次。生命有着层次的不同，而层次由个性心灵的层次决定。换句话说，生命层次可以通过管理，通过修炼拓展心灵格局以提升生命层次。通过能量的修炼提升，能量的加持提升，可以升华生命层次。

2. 人的五脏六腑

个体生命基本的五大知觉：视觉、味觉、触觉、嗅觉和听觉，它们共同组成个体与外界联系交流的直接认知系统。

生命的过程是认知资源、应用资源的过程。五大知觉不仅为应用资源提供了前提，也构成了五大知觉系统的承载系统。承载系统有肝脏胆、心脏小肠、脾脏胃、肺脏大肠和肾脏膀胱五组脏腑，具体包括：

肝脏藏魂，魂统御肝脏胆，同时紧密关联着视觉；

心脏藏神，神统御心脏小肠，同时紧密关联着味觉；

脾脏藏意，意统御脾脏胃，同时紧密关联着触觉；

肺脏藏魄，魄统御肺脏大肠，同时紧密关联着嗅觉；

肾脏藏精，精统御肾脏膀胱，同时紧密关联着听觉。

3. 人的八大知觉系统

传统认识的五大知觉：视觉、味觉、触觉、嗅觉和听觉。而新的认识则认为人有以下八大知觉系统：

思维。知觉系统，直接获得外界信息、不经整理，客观传输到大脑，在大脑留下直接结果。

一是**视觉**。对物像长、宽、高、颜色、形象、快慢、大小、表情的直观信息，直接捕捉、直接获取，向大脑提供客观信息。为大脑提供认知与判断的信息资源。

视觉分为内视觉和外视觉：外视觉指眼睛看到的画面；内视觉指闭上眼睛在脑海里出现的画面。

在人脑里有一颗米粒大小，形状像松树果实一样的物质，被称之为松果体。松果体具有像眼睛一样的视网膜和晶状体，同样具有视觉功能和成像功能。内视觉具有组合、整合、整理、重组信息的能力，注重看里看外、看表看里、看远看近、看明看暗、隔物看、隔身体看、不分方位看。神话小说中的“千里眼”“顺风耳”“透视眼”等等，社会上有的“耳朵听字”“蒙眼看字”“透视”等等，都属于内视觉范畴。

二是**味觉**。口中吃到食物，舌头的味觉功能觉知、分辨所吃食物的味道，向大脑提供直接、客观信息。为大脑提供认知与判断的信息资源。

味觉分辨出味道的目的是什么？味觉向

大脑提供信息后，大脑根据所收到的信息，区分食物类别，当食物进到胃里时，精准地分泌胃液把进来的食物完全、彻底地消化掉。如果吃到口中的东西，因吞咽太快，没被味觉觉知到就进到胃里，胃液不能精准对位，就要一次、两次、甚至多次尝试性地分泌胃液把食物完全、彻底地消化掉。这一过程因分泌的胃液多，就要消耗更多的能量、消耗更多本不该消耗的能量，这一环节就无辜耗费、浪费了生命能量。

三是**触觉**。通过手、脚及全身与外界的接触，把外界物质给自己身体的冷、热、寒、凉、刺、痛、软、硬、粗糙、细腻、光滑等结果直接、客观地传递给大脑中枢。为大脑提供认知与判断的信息资源。

四是**嗅觉**。通过鼻子嗅到空气中弥漫的气息，向大脑提供认知与判断事物、现象的信息资源。

五是**听觉**。通过耳朵听觉对声音大小、高低、粗细、薄厚、远近等，向大脑传输信息，帮助大脑中枢区分、认清事物。

六是**内视觉**：在人脑里有一颗米粒大小，形状像松树果实一样，被称为松果体的生命机体。

松果体，具有像眼睛一样的视网膜和晶状体。同样具有视觉功能和成像功能。

视觉，近看远不看、表看里不看、明看暗不看、前看后不看。

内视觉，看里看外、看表看里、看远看近、看明看暗、隔物看、隔身体看、不分方位看。

内视觉，具有组合、整合、整理、重组信息的能力。

内视觉，安静时的“想象”。

内视觉，睡梦中的“视频”。

神话小说中的“千里眼”“顺风耳”“透

视眼”……

七是**体觉**。身体就是一部仪器，可以直接捕捉外界信息、分辨外界信息。且不计远近。体觉，可以帮助认知别人的身体健康状况；可以帮助认知别人的心理状态；可以认知外界的气候状况。

体觉也可以用身体的某一部位代替整个身体进行觉知，如手掌。现在来做一个手掌觉知的实验：首先，把手用力搓一百下，放松；接着，找一个觉知对象（例如一个人），用手掌对着对方身体（距离约20公分左右），均匀、缓慢地来回移动，在移动中体会自己手掌的感觉，在什么位置感觉有异常（所谓异常：手掌出现与平时不一样的感觉，如热、胀、麻、凉、刺、跳等等），再反复觉知一下。体会到通过手掌可以觉知身体不同部位的差异性，也就是觉知到不同部位的不同信息反馈。同样的方式，可以觉知不同的物体之间的信息差异。

八是**天觉**。不借助任何有形有象的资讯，直接获取最真实、没受任何修饰、没受任何伪装的信息。

天觉，可以帮助人们“灵机决断”；可以帮助人们“急中生智”；可以帮助人们“下笔如有神”；可以在人静到极致的状态时，瞬间捕捉到信息。天觉有时在梦境中出现（生活中出现的情景，在曾经的梦境中出现过，且一模一样），可见梦境具有一定的预见性。

4. 身体的几大有形系统

一是**骨骼系统**。支撑整个身体一切行为，行站坐卧的主要功能系统。

二是**肌肉系统**。保护骨骼系统、保护内在各个系统的主要功能系统。

三是**筋膜系统**。链接、连接、整合骨骼系统、肌肉系统、五脏六腑、血液循环系统、代谢系统、生殖系统、神经系统等整个身体各器官、各系统内在及相互之间的功能系统。

四是**血液系统**。身体的营养物质运输、供给、代谢的主要功能系统。

五是**经络系统**。身体内在有十二正经、奇经八脉，有路径、没有管道，是先天元炁营卫五脏六腑、维护其正常功能的无形能量供给者。

元炁在十二正经，奇经八脉里每天 24 小时在各条经脉里运行一次。

六是**神经系统**。大脑中枢收集信息、指挥身体各部运变的主要功能系统。

七是**生殖系统**。雌雄不同、男女有别，但都为同一功用——生殖、繁衍后代的主要功能系统。

5. 身体内的系统与网络

身体内部存在一些闭环和非闭环式的循环系统，诸如血液循环系统、神经系统、经络系统、消化系统、生殖系统、信息交换系统、觉知系统、五脏六腑等。

所有系统正常情况下通达、流畅、顺畅，无多余、无堵塞。任何多余、堵塞就构成问题，就需要化去多余、疏通堵塞。多余、堵塞就是不通，不通则痛，通则不痛。自然生命体，所有多余、任何堵塞如“脑梗”“心梗”“各种肿瘤”“结石”“高血脂”“高血糖”“血液粘稠”“硬化”“钙化”……都可以被全身细胞分食掉，让全身空到一定程度，直达通畅。这就是自然界各类生命生生不息、代代繁衍、健康生长的秘密。

6. 程序——生命的主宰者

个性心灵使命决定整个生命个体一生的大方向，主宰着整个生命个体一生的生命动变。在生命过程点点滴滴的积累中，自觉不自觉会在大脑里留下各种各样的程序。所有的程序同样在给行为提供指令系统、流程，没有对错、不分好坏。

程序是生命个体行为、行动的指令系统，是生命的主宰者。因此，在生活中要学会认清程序、区别程序，删除一些不利于身心健康的程序，重新创建一些、编制一些对健康、对事业、对人际交往、对情感、对财富、对生命长度有利的程序。

程序是心灵的应用，因此**程序可以编制**和**安装**，整理编织一个想要的结果。**安装的意思**是说，不断重复想或说，遍数越多程序安装的就越稳定，就越能支配生命个体。

比如：

“人是铁饭是钢，一顿不吃饿得慌”持续影响了几代人；

“一日三餐”把多少人送进了病房，把多少人提前送进了坟墓；

“人活七十古来稀”让多少人的生命止步于 70 岁；

“七十三，八十四，阎王不请自己去”误导人们几千年；

“不行了，老了，没几年好活了”坑了无数人；

“完了完了，活不了了”让多少重病患者就这样被害了。

7. 生命年龄的划分

对于人类生命年龄的划分，现如今不同于过去，现在的划分情况是：

25 岁至 44 岁，青年人；

45 岁至 59 岁，年轻人；

60 岁至 79 岁，中年人；

80 岁至 99 岁，后年人；

100 岁至 119 岁，老年人；

120 岁以上，忘年人。

作为文明社会的人，应该为自己设定一个人生的长度，定位生命所要走过的寿数，努力达成。把生命的长度作为生命的顶层设计来设计、规划，把自己生命想要的结果、想要的状态设计规划好，然后点点滴滴去运作、去呵护、去使用、去分配、去安置、去休息、去歇息、去管理。希望这一年龄的划分，能成为人们最重要、最有意义的程序。

8. 生命体的能量

能是一种无形无相，动变不止的存在。在它的动变之中，可变、可化，可借助无形体、有形体彰显出来并可以量度。

每一个生命体，包括人，都是一个能量体，并且不同能量体的能量大小、级别是有区别的。每个人的能量大小、能量级别也是不同的。

下面不妨通过两个实验来看看。

一是觉知能量实验。

两手抬起，两手放松，掌心相对，距离约30公分左右。静静感受两手掌的感觉（注意：静、专注）。然后，两手缓缓靠拢，再缓缓拉开，这样缓缓地一开一合，体会两手掌的感觉。你越用心觉知越明显、越强烈。百分之九十五以上的人能感觉到。感觉不到的不等于没有能量，只是自己觉知的精细度有待提高。

二是看能量实验。

伸出右手（左手也一样），五指自然分开，找一个颜色稍暗的背景，眼睛定睛凝神，自然看着不动，慢慢就会看到手之前有辉光，它是能量场。如果没有看到，可以把眼睛微微闭上些、眯着眼看，这样容易多了。同样的方法，可以看人的头上的辉光，这也是能量场。

觉知到能量也好，看到能量也好，不过是认知到了自身的能量而已。通过修炼，能量场的颜色是会发生变化的。能量表现出来、彰显出来、释放出来的大小、多少、是可以做量化的。能量与责任匹配，能量与使命成正比。

9. 梦

生命个体所接收到的信息可以在时间轴上移动，可以是不同空间范畴里的信息。梦，因生命个体醒着时思绪纷呈，故多在睡着了的状态中出现，也会在知觉暂停（脑子里一片空白）的状态中出现。

梦，就是生命个体的个性心灵（软件系统）接收到的信息并呈现的声音、图像、画面、情景及感觉。梦是生命个体所见、所闻、所思、所想在头脑里的真实再现、整编再现、交叉再现或零散再现。

10. 爱

爱是每一种个体都具有的能量场，有强有弱。爱是中性的，无偏无倚。爱有强强相吸、强弱相吸、弱弱相吸、强强相斥、强弱相斥、弱弱相斥，并因此而产生不同的效应。在人世间则表现出不同的爱、恨、情、仇，形形色色，说不清、道不明。

爱这种能量场会变化，也会鼓荡身体产生不同情状、不同程度的反应，使人产生欲望，因欲望又会萌动不同效应。

爱是人世间最伟大、最强大的能量。其

表现包括情的爱、心的爱和行为的爱。情的爱主要表现情感的缠绵、粘性、依恋、不舍、思念、想、盼、牵肠挂肚、坐立不安、激情似火等。心的爱主要表现心理的牵挂、担心、祈祷、祝愿、祝福、念想等。行为的爱主要表现付出、奉献、给予、帮助、扶弱、济困、扶老、养育、呵护等。

爱的能量是人世间最了不起的能量、最强大的能量。爱的时空范畴越大，格局就越大。正所谓大爱无疆。

11. 缘

缘是生命个体内在心灵即个性心灵——生命个体的幕后操纵者、幕后主宰者，是生生世世积累的能量场彼此之间的链接状况。

缘，人们只能看到眼前而多不解；是一种积累，曾经的积累为之后留下的必然；是相处的程度为后来做下的约定；是一种被自己曾经（生生世世积累）已经奠定了的宿命。

缘有聚、散、亲近、疏远、相爱、相斗、

相害、相残杀、相仇恨等等表现。生命像一条没有尽头、循环变化的河流，了缘结缘，结缘了缘，无有穷尽。

12. 使命

使命，每一个人都有，因为每一个人都因某种功用而被创生。人被赋予的功用，被创生来人世间这一生的主要功用，或称为主要任务就称之为使命。

人都是带着使命来的，使命是心灵的使命。心灵借一具身体，运转自己的、被赋予的时空，以一个个人形态生、长、长大成家、立业（完成使命或迷失方向）、衰老直至死亡（完成使命以后自然离去）。

人是一个特有的种群，以一个特有的方

式——文明社会，生活着。使命也随着社会的进步变化着。人需要完成使命，更需要尽早知晓使命，除了需要完成使命外，还需要有更高的升华生命、超越生命、达成生命圆满的要求。要明白生命的根本、生的真谛，明白圆满的重要，明白通向圆满的路径，一路前行直至圆满。

怎样能知道自己的使命呢？

释迦牟尼在菩提树下修行进入定态，“看”到三界六道，并清楚了其中的一切变化，明白了自己的使命：“做三界的导师”。

穆罕默德在山洞中打坐，打坐进入一种特定状态时，听到声音跟他讲宇宙人生，并通过声音告诉他该做的事，这就是他的使命。

很多人在睡梦里认清了、听到了、看到了、明白了自己的使命。很多人在莫名的状态下，被一种能量驱动着去做事、不知不觉中走进了使命。

有的人在一场大病之后知道了自己的使命。有的人经历一次天灾人祸后觉知到了自己的使命。

有的人在渐渐成长的过程中一直都知道自己是来做什么的，从未迷失过自己的使命。

13. 生与死

生，阴阳交合，归于一体。死，阴阳分裂，一分为二。生是前一个死的后续，死是后一个生的开始，生者死之根，死者生之根。

生，根据需要，一个个性心灵，被赋予一具身躯（从一颗受精卵开始分裂、复制到长成型再到出生——脱离母体那一瞬间），开始真正被生产出来，启动生命游历世间完成使命的航程。死，是个体使命结束，用完了，销毁，阴阳分裂，各归其所。

人们为什么怕死？因为不知死了以后会

怎样。就是知道了，毕竟要换副身躯。很多人换个发型、换个行头甚至换套衣服都害怕，更别说身心分裂又身心重组。

万事万物，天生天杀，自然之道。

以上这些作为人的生命本有，虽分别介绍，却一体统一，不可分割。

四、生命必需的平衡

平衡是每个个体内在的必然需求，是所有个体之间必然需求，是自然大千万类生灵之间的必然要求！

1. 空满平衡

身体里的胃、小肠、大肠本来是空的，空的容器是为了装食物而设的，大自然的条件，让所有生命的肠胃系统每年经历着较空→较满→很满→很空的状态，以保障整个胃肠系统在空与满之间的转换和平衡。人们一日三餐、一日多餐的饮食方式使胃肠系统，长期的一年四季、年复一年地处于装满、很满的状态，严重破坏了空满平衡，以致胃肠及其他系统长期超负荷运行，直至带来各类疾病。

因此，必须明白胃肠系统空与满的平衡，并促成平衡。

2. 黑夜白天平衡

人和自然界各类生命体，被创生并被置于自然之中，而自然的时空就有着黑夜与白天的不同变化，人要适应并遵循这种变化。

白天就应该去活动，使用和支出着个体能量；黑夜就应该歇息，让个体支出的能量得以回收。这就是黑夜白天的平衡。只有促成这一平衡，生命才能健康；只要达成这一平衡，生命就能健康。

白天不去干活，黑夜不休息，与自然违拗，必然会受到自然的惩处。

3. 觉醒觉睡平衡

人体和许多动物体一样，都有觉知外界的知觉系统，以认知周遭的事物以用之。觉，有用的状态。在用的状态中，必然耗用生命自身能量。

觉，觉的另一种状态是睡，就是休息的状态、歇息的状态。这种状态中，生命自身能量得到回收，保障收支的平衡，就是觉的睡与醒的平衡。

自然生命就在觉的醒与睡之中，因平衡而健康生息。

4. 身体与心灵的平衡

身体和心灵是个体最基本、最重要的两大组成部分。身体和心灵构成生命体的软件和硬件。

身体必须健康、必须保证充沛的体力和精力，才能承载起自己的功用，才能做好心灵的载体。而心灵则应该是生命体的主体、主宰、使命负载者。

5. 动静平衡

动静平衡，是动物特有又是必有的生命状态。动的状态充斥着生命个体醒着时的绝大多数时间，睡眠时也有不少动变，身体如此、心理也如此。静则是生命个体必须且重要的生命本有状态，这种状态可以让每一个生命个体，得以休息、养护、积攒能量、回收能量、恢复体能、平衡体能。静的状态，可以让生命个体，特别是人的思维、意识、思绪单一，减少能量的耗损。静的状态，可以让人更好地分析问题、权衡事态、判断时局、应对突变。

动是每个个体最常有的状态，但必须有静的状态。动静平衡，是个体生命生存的重要状态。

6. 阴阳平衡

从最初单细胞的无性生殖到有性生殖，到阴阳的分化，再到雌雄、公母、牝牡、男女的阴阳交媾受精而繁衍生息后代，阴阳之间的平衡，就显得异常重要。

所谓“孤阴不生，独阳不长”。天地交而生万物，天地需要平衡；男女交而生子女，男女需要平衡；个体身体依然，左右需要平衡，上下需要平衡，前后需要平衡，内外需要平衡……

7. 能量收支平衡

每个个体都是一个能量体，整个生命的过程，是一个能量应用的过程，能量应用的过程是一个能量收支的过程。

能量收支是否平衡直接影响生命个体的活力、体能、运变的效果。收入大于支出，状态良好；收入不及支出，入不敷出，则出现失衡，出现透支，久而久之体能下降、思维迟钝、反应减慢、行动迟缓，继而出现疾病，再进而死亡。要明白能量的平衡之要，始终保持能量平衡，方可保障个体的健壮。

8. 冷暖平衡

生命管理讲求遵循自然、合于自然。春暖、夏热、秋凉、冬寒，这是自然温度、自然现象。所有生物均遵循这一变化，故而生生不息、健健康康、代代繁衍。

人类越来越进入高度的文明社会，太多人一年四季，几乎都在恒温下生活：夏天不让身体出汗，冬天不让身体受冷，身体的应变能力用进废退，时间久了，抵抗力、免疫力、自愈力、应变力全面下降，甚至丧失。生命力低下，健康无望。

9. 舍得平衡

舍得，是自然生物的宿命。自然界里，所有的出生、所有的出现、所有的生命个体、所有的资源，都是为食物链上的上一环节的物种准备的。每一个被自然创生的都只是作为一种资源出现、存在、被应用（包括被吃掉）。即都要付出、奉献甚至舍去生命。与此同时，自然界里所有的出生、所有的出现、所有的生命个体、所有的资源，在食物链上都有下一环节的物种是为自己准备的。每一个被自然创生的都要使用、应用自然界的某些资源，即都要获得、都能获得。整个大自然一定是舍得平衡的。

人们对舍与得的认知，决定心理的淡定与否：主动付出为舍，被动付出为失。舍是幸福喜悦的，失是令人难受的。人因舍与得导致苦乐，通常因为对“我的”、对“拥有”的误识——异性相处、夫妻相处就觉得是“我的”、购买或其他方式得到的物质（食物、车、房、衣物、名誉、荣誉、权力……）是“我的”等等，既然被定位为“我的”，“理所应当”不能失去、不能被夺走，如若失去，则生烦恼、痛苦。因为害怕失去，就生活在害怕的痛苦中。

小舍小得，大舍大得，不舍不得，舍我得道，舍生忘死。

10. 主客平衡

人生的两大财富是自然财富和社会财富。自然财富是大自然赐予的生命——健康的生命。自然财富是主体，因为生命是一切之主，一切都是生命所创造的。因此，要正常地活着，养成健康的生命体。社会财富是人类社会独有的——以金钱为代符号的所有事物。社会财富是客体，即一切社会财富，是由主体整合、分配、应用、塑造的一切资源。

在物质文明与精神文明越来越发达的人类社会，健康的生命是第一位的。没有金钱，日子是不好过的，这种不平衡带来的结果是不幸福。太多人为了追求金钱，在为工作、为事业、为谋生计、为赚大钱、为成就大业打拼的过程中，不知不觉损害了健康甚至伤害了生命，导致金钱变成数字甚至变成遗产，这种不平衡就更可怕了。

因此：

健康是人类的第一大财富；

金钱是人生的第一大要素。

五、生命管理的八大系统

生命的过程，是生命活的过程，生命的活动由许多系统的活动所形成。每个系统自身的活动及各大系统之间的活动，都需要保持顺畅、高效的运行，如何保障这一结果，即是对各系统的管理。

1. 饮食管理

饮食管理旨在强调合于自然的饮食，可以不生病的饮食。

先来说说主食。在人类走到今天，主食的概念被传统的认知框定了，认为不论吃了多少肉食、蔬菜，最后还要相互问问吃些什么“主食”。好像没有吃大米饭、没有吃面、没有吃饼、没有吃饺子等五谷类食物，就觉得还没有吃晚饭、饭局还没有结束。

什么是主食？

主食，就是吃进体内的主要食物，不论

肉食、蔬菜还是五谷类食物，或者乳饮。

吃饭，应该是一个品味美食、品味人生、享受生活的过程！

少食健康：合于自然的饮食方式、健康的饮食方式。大自然创生所有生命，给予春、夏、秋、冬四个季节，在四个季节里所拥有的食物状况是不一样的，春天食物很少，夏天食物较多，秋天食物极大丰富，冬天食物极大匮乏。所有生命在这样的食物状况下生存，保障了所有生命都可以健康生存、生生不息、代代繁衍。所有生命个体，在一年四季里，都会有食物丰盛的时间，也一定会有几天、十几天、几十天甚至更长的时间没有食物的时候。然而，这就是自然，这就是自然生命的食物状况，这就是自然生命不用医院、不用医生、不用医药却可以持续健康的生存之道。

饮食六字诀：少，慢，精，细，味，简。

少：少食，是合于自然的饮食。所谓少，就是要在每次吃东西之前，保证胃肠里空了。“一日三餐”的量远远超过身体所需，特别是现代人的体能耗用。“一日三餐”的饮食习惯，让人们误以为是生命体必需的。三餐可以减去一餐，另外两餐，每餐在原来食量基础上减去三分之一。

慢：自然界所有生命类型，不论吃肉还是吃草，基本上是细嚼慢咽。尽管肉食动物捕捉猎物时很劲、很猛、很快，但吃起来都很慢。

精：人类之所以伟大、之所以比其他生命更加伟大，就在于可以活的更加精致、更加精彩，都在于一个“精”字。

细：食而不知其味，任意搭配、添加佐料太多，吃到的都是混合味道、不能觉知每种食物本来的味道，也就不能知晓每种食物、更不能与每种食物建立更深的渗透与链接。

味：每一种食物都有自己的味道，每一类食物都有自己系列的味道。而食物的味道，意味着该食物的物质组合、营养物含量。

食出食物的味道，分辨出食物的味道，品出食物的味道，品味才有品位。

使用味觉时，不断训练精细度，不断提升精细度，提升味觉的觉知能力。

简：自然界的生命，包括远古人类，或许以肉食为主、或许以草食为主，但不论肉食还是草食，都是相对单一的食物，没有搭配，没有混合，没有配料，没有佐料，也不需要，也没有必要。这就是自然食物。

休食辟谷：不食人间烟火，是自然界所有动物共有的生活方式。人应该清楚不该吃太多了，不该吃太杂了，不该吃太乱了。应该清楚，要定期、不定期地休食一天，休食两天，休食五天、七天，甚至更长时间。特别注意，生病时、身体有不适时、心情不好时等等，休食几天会恢复很快。所有疾病，都可以通过合理的、科学的、合于自然的休食，得以修复。辟谷，传统的认知就是辟五谷。在一些宗教里有辟谷，所以被认为是宗教的修炼方法。

自然，就是有了就吃、多有就多吃一些、少就少吃一些、没有就没得吃，一天没找到吃的一天不吃，两天没找到吃的就两天不吃，十天没有东西吃、更长时间没有东西吃均属正常。

饥饿只是一种感觉，一种条件反射，不一定是身体真正需要物质补充的信号。特别是固定三餐的饮食习惯下，到时间、甚至还不到时间，身心都开始出现反应——想吃。很多人一吃完就不舒服了。不要被“饥饿”的假象骗了，伤到自己的身体，甚至生命。

2. 睡眠管理

睡眠占据了人一生的很多时间，人生三分之一的时间在睡觉。睡眠管理，就是通过调理、调整睡眠状态，改善睡眠质量，回收好因用知觉时耗用的能量。正所谓“日出而作，日落而息”，人应该遵循天亮就了起来去活动，天黑了就去休息（睡觉）、歇息。

首先，调整呼吸：睡下时，用自然舒适的睡姿，在鼻呼鼻吸时稍作调整。鼻子吸气时，臆想全身毛孔往里吸气，并体会全身往里吸、往里收的感觉，呼气时只鼻子呼气。连续这样呼吸多次，就自然睡着了。醒来时别急于起床，继续用睡时的方式呼吸几次，就会有全身气足气胀的感觉。睡了多久就等于修炼了多久。

其次，睡眠的环境：黑、静、理、和。黑，就是最好能黑到伸手不见五指；静，就是最好能静到无声无息；理，就是让环境整洁、清爽、干净、有序；和，讲究卧室里的物质摆放别凌乱，别相互冲突，别放置太刺、太锐的东西。

再者，睡眠时的心灵力加持方法是，睡觉时，臆想着：我很快进入甜美的睡眠，睡得很沉很沉；在深深的睡眠里，我的生命能量得到完全彻底的回收、恢复；我的每一个器官、每一个系统、每一个组织得到完全、彻底的修复。这样连续三遍，自然入睡。

3. 情绪管理

情绪的表现有怒、喜、忧、思、悲、惊、恐，被称为“七情”。情绪的伤害体现在，怒伤肝脏胆，喜伤心脏小肠，忧思伤脾脏胃，悲伤肺脏大肠，惊恐伤肾脏膀胱。情绪爆发大量耗散能量，伤害身体，有损健康。因此必须有效管理情绪。

情绪的根源：肝胆之气不调，易动怒，反之亦然；心脏小肠之气不调，易大喜，反之亦然；脾脏胃之气不调，易产生忧虑、思念，反之亦然；肺脏大肠之气不调，易生悲，

反之亦然；肾脏膀胱之气不调，易惊恐，反之亦然。以上五组脏腑之间的循环生克之气不调，就基本被情绪所控制。

情绪的调控，强调调和五组脏腑，平衡五组脏腑之气，常与五组脏腑沟通（常按以上顺序呼唤五组脏腑，并体会、觉受呼唤时的感觉即感觉变化）。

用心灵的力量掌控情绪，用包容力化去情绪。情绪是拿来用的，别被情绪用了；要驾驭情绪、主动地用情绪而心境平和。不要被情绪驾驭了、不要被情绪左右了。

4. 性爱管理

性，是生命个体极为重要的本有。人类性的功能，首先是繁衍生息，传承、复制生命、延续种群；其次是宣泄过剩分泌，平衡内在能量，平息欲火情状；最后是享受性爱过程，觉受性爱感受，彰显性能力。

性爱是一柄双刃剑，用好利益双方健康，用不好散元气、伤害健康。

那么，**如何管理性爱？**

一是**个人的身心准备**。个人的身体状态良好，心情好，心理感觉良好。比如想、欲、冲动、激情。

二是**性爱前的调情**。让双方进入性欲望的良好状态。

三是**爱的抚摸**。用心、专注、轻抚、挑逗，进入状态。

四是**插入与抽动**。轻重相间，快慢互变，变换姿势，动静平衡。

五是**闭口**。整个性爱过程闭口以保元气。

六是**多用**。用进废退。

七是**高潮射精**。双方同时进入高潮时射精。

八是**射精不泄炁**。人生真元之气、元炁的珍惜很重要。精液只是性爱过程中分泌的物质，主要是蛋白质，每次射精都会有几亿个精子，射了、泄了对身体没有不良影响。但损耗了元炁，却会伤害身体！如何做到射精不泄炁？身体射精时，提肛缩肾；臆想元炁留存体内。

九是**滋养**。天地交合，能生养万物；阴阳交合，雷鸣电闪；男女交媾，能生养生命。既然能产生巨大的能量，就应用好性爱、交媾的能量，滋养性爱双方，自然获得健康、美丽。进入高潮状态，臆想把这种状态流遍全身，体会这种感觉、这种能量滋养全身，滋润面部及全身肌肤。

十是**修炼**。其一，合一，双方同享高潮，同时观想两人合二为一、融为一体；其二，导引，臆想这股高潮的能量，从尾椎骨根部的尾闾开始沿督脉上行、继而沿任脉下行，护理五脏六腑，脊椎，大脑等；臆想，借高潮的能量，从会阴（肛门与生殖器之间），由下往上冲击中脉。

爱人是最好的灵丹妙药。

爱爱人，享爱人之爱，用相爱的能量，用性爱的能量呵护健康、完善生命、升华生命。

5. 心灵管理

心灵管理，强调明白心灵的作用，明白心灵的价值，管理心灵的凝练，提升心灵的力量，拓展心灵的格局，实现心灵的升华。共性心灵没办法管理，也不需要管理，需要管理的是个性心灵。个性心灵，是人的使命携带者，个体生命的主宰者、支配者。它借身体作载体游历世间，完成使命、了却心愿。

心灵管理，要求明了生命个体对健康，对财富，对幸福，对家庭，对事业，对价值的定位和要求，训练提升表层心灵（整个知觉系统的觉知能力），规范个性心灵。

心灵力的六个方面是：

无限承受力；

恒定意志力；

无边包容力；

广大亲和力；

感恩回报力；

忘我大爱力。

只有把这六个方面一体统一，心灵力量就变强大了，有一个无所不能的强大心灵，才能让心灵得以圆满升华。

心灵管理，要整理、清理心灵融入的信息，使之归位、不存不放，化空心灵，冥合共性心灵。比如，“想”，是心中的“相”。想要什么结果，设定一个“相”放在心中“想”，牢牢地放在心中，经一定的时间就出现要的结果——“相”，这就“心想事成”。另外，把心中的“相”去掉，所有的都去掉（也就是无想），历相不住，即“见诸相非相”。

6. 能量管理

每一个人都是一个能量体，不同的人能量大小不同、能量级别不同。人的一生是能量整合、应用、支出、回收的过程。能量越大，责任越大。能量越大，使命越大。

生命体赖以生存的三重能量：

一是**初级能量**，源于饮食，主要功能是维持人体细胞的基本物质供应。饮食的物理管道包括食管、胃、十二指肠、大肠、小肠、直肠、膀胱等，比较粗大。饮食的原始来源：饮，即自然的水；食，即春（春天食物很少）、夏（夏天食物较多）、秋（秋天食物极大丰富）、冬（冬天食物极其匮乏）大自然提供的食物。初级能量的补充选择自然的饮食，必须合于自然、当空时必须让胃肠空下来。但要注意，过犹不及。

二是**中级能量**，源于气和炁。

气，给全身细胞提供氧。

炁，为二十正经、奇经八脉提供能量，保障五脏六腑的正常机能。气的物理管道是气管，它很细，比食物管道细很多；炁只有路径、没有有形的管道，更加细。气来自大自然的给予；炁随生命个体而来。中级能量的补充气，自然、洁净的空气；炁，泄精不耗炁，尽量不要让身体破损，一些食物可以补充炁气。

三是**高级能量**，源于精微能量，主要功能是为知觉、情绪思绪（思想、思考、起心动念、分析、思念……）提供能量保障。精微能量没有管道、没有路径，它是全方位的，其来源随自然变化而变化，天黑就休息、歇息、睡眠、睡觉。

高级能量的补充：

一是睡觉；

二是脏腑调和法；

三是入定；

四是加持；

五是行善积德。

精微能量的大小，决定生命层次的高低。

精微能量的最高境界：

合于自然，合于道，随心、随机所用的能量都是直接用自然能量、宇宙能量、道的能量。

7. 财富管理

人的一生有两大财富：生命、金钱。生命，是来人世间完成使命的、来了愿的、来了缘结缘的，完全可以健康的、正常地活着。金钱，是人类文明社会独有的，本身可以没有任何价值，但却被公认了其充当一般等价物的代号。金钱，成了人一生不得不使用的工具。

生存游戏和赚钱游戏，是人一生都不得不玩的两大游戏。生存游戏，是所有生命都共同拥有的、必须玩的游戏，并且一刻也不

能怠慢。人世间的生存游戏，比纯自然的生存游戏，多了许多乐趣、多了许多无奈、多了许多友爱、多了许多凶残、多了许多互助、多了许多陷阱、多了许多怜悯、多了许多算计……

赚钱游戏，人类独有，人人必须玩。要玩赚钱游戏就要玩好它，要玩好它，就当把“钱”搞清楚了。所有人（或者个人、或者组织）始终都只是金钱的保管者和使用者，不是拥有者。金钱，只是人们交换、整合、分配、支配、使用、经营的工具和资源。金钱，被公认为财富，被用以权衡人在世俗间的状况。

人的财富能量大小，决定了其一生，可以承载的财富数量，决定了其一生可以支配、应用的财富数量。人的财富能量，像整个生命体的生命能量一样，可以通过修炼来提升。人的一生，真正吃不了多少东西、真正花不了多少钱、真正穿不了多少衣服、真正不需要多少东西；实现自己价值的最大化才是最重要的；帮助的人越多价值越大，帮助的时空范畴越大价值越大。

智者玩游戏，愚者被游戏玩而不知不觉。

我们应该追求的是：

从容游戏中，超然游戏外。

8. 体能管理

体能管理可以采取以下方法：

一是静坐。

静坐的好处在于：达成动静平衡；整理思想的最佳状态；弥补天黑还不能睡觉的缺失；回收能量；修复身心；平静心理；觉受自己、觉受生命、觉受真实。由此可见，静坐是一个极为重要的、不可或缺的生命状态。

静坐有10个要点：

（1）**坐姿**。坐姿又分散盘（自然盘）、单盘和双盘。初学者不必急于求成，一般从散盘开始，然后单盘，再是双盘，如此循序渐进。当然，双盘坐好，自然延寿。打坐时，身体坐直，含胸拔背，头轻轻往上顶，下颌微收，眉心舒展，面部微笑（放松肌肉），眼睛轻轻闭上。

（2）**呼吸**。呼吸分为自然呼吸（腹式呼吸）、逆腹式呼吸、体呼吸等等。静坐之时：先用短呼吸练习纯熟，然后逐渐加长；呼吸的气息，宜缓而细，静而长，匀而深。

（3）**环境**。刚开始打坐，建议选择较为安静的地方，选择黑暗的环境，这样容易静下来。

（4）**正心**。静坐之时，力求让心态处于一种无善无恶、无爱无恨、不偏不倚的状态，达到一种正的心理状态。

（5）**观想**。分为内部观想——观想体内，和外在观想——观想自然现象的。直至有景无景，似有非有，恍恍惚惚。

（6）**手印**。手印就像收音机、电视机的天线，可以定向、定位接受相应的信息，获取相应的能量。

（7）**静**。静坐讲求的便是一个“静”字，为了达到“静”的效果，往往“以一念代万念”。“静”不是什么都不想，而是将万千杂念、思绪集中到一个念头、一个思绪、一桩事情、一个声音、一个画面等等。

（8）**定**。即“入定”状态，念头化空，“无我”状态。发呆、愣神就可以理解为短暂的“入定”。入定一般在入静训练到一定时候进入的一种状态，觉到方能明了。能达到随时随地、时时刻刻于定态之中，即进入高境界的定态或冥想了。

（9）**慧**。入定以后，大脑一片空朦，自然联通整体宇宙的信息，接受、链接本来信息，呈现、觉到真实。

（10）**悟**。因觉到而脑洞顿开、訇然明了。有小悟、大悟、顿悟、渐悟，积累到彻悟。

二是**天健**。

天健天健，天天健康。天健天健，天赐健康。

天健是一个能迅速提升体能的方法。

首先，以立正姿势站立。

接着，两脚的前脚掌着地，后脚跟离地抬起，整个身体微向前倾，腰部微微弯曲，身体稍稍下蹲，膝盖向外打开并成自然微曲状态。

然后，将无名指和小指勾回，大拇指指腹按在无名指和小指的指甲盖上，保持食指和中指伸直状态。肩部放松，两手自然上举，尽量保持松弛，不要绷着，不要用劲。举到什么高度呢？——使中指和食指的高度在下颌至两眉之间，左右手小臂与大臂之间约成垂直状态。这样每天练习 9 分钟，几天下来，你会感觉到自己的身体体能增强了，身体素质提高了，身体状况更好了。

由于在这个动作的进行过程中，将会促进腹部脂肪的迅速燃烧，所以如果是腹部有赘肉，并希望将腹部的赘肉减掉一些的人，那就需要在这个过程中，将自己的腰部弯曲度放大一点，这样就可以在短时间内达到健康减肥效果。“天健”这个动作最大的优点就是方便，可以不择时间和地点。比如说，你可以在看电视的时候练习，也可以在听音乐的时候练习，哪怕是在跟别人聊天的时候，都可以做。

三是**太极印**。

这是迅速聚集能量的方法。生命是靠能量来支撑的，但是在日常生活中，我们的思维和行动会使我们身体里的能量零散而不集中。

太极印，就是一个能快速将能量聚集在一起的方法，使能量能够在我们需要的时候，随心如意地调出来运用。

大家都知道，在我们的肚脐眼往里一寸的地方，称之为“丹田”，这是生命体的一个能量库。我们可以通过养护这个能量库，让全身那些散乱的能量都聚拢过来，甚至可以把身体之外的能量也聚拢到这个地方。

如何聚拢呢？做法非常简单。

首先，伸出一只手（男右女左），用手掌心轻轻地罩在肚脐这个地方；然后，把另一只手再放在这只手的上面，并将大拇指从贴着肚脐眼的那只手的虎口穿进来，贴到那只手的掌心。这样，从前面看，两只手的虎口处便形成了一个“S”形，就像一个太极图一样。这个动作非常简单，而且不论你坐着、站着，或是躺着，都可以用，特别是在办公室的时候，可以一边看资料一边让自己的身体放松，让自己在一种很自然的状态下来聚集自己的能量。

四是**四梢**。

其一是骨梢。牙齿掌管骨骼系统，可以叩齿、空嚼。

其二是肉梢。舌头掌管肌肉系统，可以将舌头左右顶；舌头顺时针转动、逆时针转动；绷紧、放松舌头。

其三是筋梢。手指甲、脚趾甲掌管筋膜系统。可以轻轻敲击指甲、趾甲；心灵力念及指甲、趾甲并体会。

其四是血梢。毛发掌管血液系统。可以让风吹吹、用风筒吹吹毛发；心灵力念及全身毛发并体会。

五是**激活心与神**。

其功能是觉力提升、精细度提升、和畅全身气血。

具体包括：

训练听觉的觉力；

修炼生命个体的精细度、觉受力；

修炼**静**；

修炼专注。

方法注重觉知心脏跳动的感觉，觉知遍及全身随心脏跳动而震动的感觉，以及聆听心脏跳动的声音。

六是**脏腑调和法**。

其功能是平衡每一组脏腑之间的能量；

均衡五组脏腑之间的能量；

疏通五脏六腑。

具体包括：

回收精微能量；

强大脏腑功能；

均衡五脏之气；

增强五大知觉觉力。

此方法的第一步是**练**，即呼喊五脏与五腑，即五组脏腑——肝胆，心脏小肠，脾胃，肺大肠，肾脏膀胱。

第二步是**治**，即每次按五组之间相互促进、相互滋养、相互生化的顺序呼喊，即“肝胆”“心脏小肠”“脾胃”“肺大肠”“肾脏膀胱”，循环呼喊。一边呼喊，一边体会、觉知相应脏腑器官的回应。

第三步是**归元**，即结“太极印”，让能量归回到脐中。

七是**搓带脉**。

带脉在身体腰间，以身体前面肚脐和身体后面命门为准，环腰间一圈，像一条宽宽的腰带一样，护着腰间。带脉主身体上下两部分能量的平衡。带脉不通，则上下不通；上下不通，则能量不通；能量不通，则多表现为下身寒凉、冰冷，必影响生殖系统健康，女性妇科必受影响。

搓带脉的方法是：两手搓热，右手掌按肚脐，左手掌按肚脐正对身后腰间命门，用两手掌来回搓擦带脉，直到里面发热，体会热量贯通上下。有时间就搓搓。

八是**运转任督二脉**。

任脉起于小腹内胞宫，下出会阴毛部，经阴阜，沿腹部正中线向上经过关元等穴，到达咽喉部（天突穴），再上行到达下唇内，环绕口唇，交会于督脉之龈交穴，再分别通过鼻翼两旁，上至眼眶下（承泣穴），交于足阳明经。督脉起于小腹内胞宫，下出会阴部，向后行于腰背正中至尾骶部的长强穴，沿脊柱上行，经项后部至风府穴，进入脑内，沿头部正中线，上行至巅顶百会穴，经前额下行鼻柱至鼻尖的素髎穴，过人中，至上齿正中的龈交穴。

任脉和督脉连起来构成的圆环被称为**“小周天”**。

运转任督二脉的目的是：

滋养、呵护五脏六腑、使之保持健康状态；

滋养、呵护大脑、使之保持健康状态。

六、生命的十大规律

规律是事物生、长、成、衰、灭等一系列活动，必须遵守的，不可抗拒的神奇能量。人的生命与自然界万类生灵都在接受着若干规律的制约。

1. 太一规律

太一规律，是认知生命重要的规律之一，是揭示生命奥秘、认识生命范畴、管理生命的重量指导思想。

太一规律的含义是：

一方面，所有人和事物，都在一个整体之中（不论时间、不论空间）。

另一方面，不论多少人、多少物质、多少事都可以找到某种共性化为一体。这就是说，不论人们认知到几维空间，所有的空间及其中的存在都在一个整体中。同样，在无尽的宇宙中，任何一个存在，即一个时空，其自身就是一个整体。反之，不论有多少存在（有形或无形），都可以找到某一共性，把其放入这一共同体中，即放入这一太一之中。

太，即极致；一，即完整的、一体的、整体的，整个。太一无大无外、无小无内，自身无性。万有之初始状态，阴阳未判、一体统一。

2. 阴阳规律

大千世界，所有事物都由阴阳两个方面构成。阴性物质的形态是看不见、摸不着、充满空间、不占有空间；性质是动变不止、化成有形、渗透于一切有形并支配有形、运行速度可以是光速的无穷倍。阳性物质的形态是看得见、摸得着、不论大小总占有一定的空间、有以有形状态存在的相对时长（即一定的时间值）；性质是被动运行并相对运动着、被化生而成、被合化而大、永远被支配、被主宰、被控制，被生被灭的于虚空中幻化着。

阴阳对应统一规律。一方面，万事万物彼此之间，存在着阴阳两种既相互对应又一体统一的关系；另一方面，万事万物自身由阴阳两个方面构成，在阴阳之间既相互对应又一体统一。

首先，阴阳之间，相互吸引，彼此相融，合和为一。心灵与物质的合一也属于阴阳合一，比如，现代人类文明所有产物，都是心灵与物质合一的结晶；美术作品、音乐作品、艺术品等亦然；修行人的禅定、如如不动、心如止水亦然；生命修行证得圆满状态。

其次，阴阳之间，相互排斥，相生斗争，彼此对抗又一体统一。心灵与物质分离，也属于阴阳的对立统一。心绪散乱、力不从心；心身分离、各自为政，身是身，心是心，各顾各。

再次，阴阳之间，阴吸引阳，阳排斥阴，

关系特别又一体统一。物质决定心灵，物质的客观性通过人们的视觉、听觉、嗅觉、味觉、触觉捕捉到信息在头脑里的客观反映，构成了心灵的表层部分。

最后，阴阳之间，阴排斥阳，阳吸引阴，关系特别又一体统一。心灵决定物质，人的思维、思虑、思考、思想全是心灵的运行。人的行、站、坐、卧、说、唱、笑、哭、吃、喝、表情……必须在心灵的支配下完成。

3. 生克规律

所有事物都可以根据自身的属性分为木、火、土、金、水五大类中的某一类，在这五大类之间，存在着相互促进、相互滋生、相互约束、相互克制的关系，这就是五行生克规律。

五行并不是指真正的实物，而是对具有木、火、土、金、水特性的事物的一种抽象的概括。根据五行关系，可以推测事物的变化。

木的特性：古人称“木曰曲直”。“曲

直”，实际是指树木的生长形态，为枝干曲直，向上向外周舒展。因而引申出具有生长、升发、条达舒畅等作用或性质的事物，均归属于木。

火的特性：古人称“火曰炎上”。“炎上”，是指火具有温热、上升的特性。因而引申出具有温热、升腾作用的事物，均归属于火。

土的特性：古人称“土爰稼穑”，是指土有种植和收获农作物的作用。因而引申出具有生化、承载、受纳作用的事物，均归属于土。

金的特性：古人称“金曰从革”，“从革”是指“变革”的意思。引申出具有清洁、肃降、收敛等作用的事物，均归属于金。

水的特性：古人称“水曰润下”，是指水具有滋润和向下的特性。引申出具有寒凉、滋润、向下运行的事物，均归属于水。

五行木、火、土、金、水之间的相生关系：木生火、火生土、土生金、金生水、水生木，顺序相生。

五行木、火、土、金、水之间的相克关系：木克土、土克水、水克火、火克金、金克木。

4. 因果规律

世间万有，因用而生，均在流变之中。流变必然不是孤单、不是孤立，必然是交互产生着各种关系，而产生关系之后，有势必引发后续的效应，延绵不断，永不停息。具体到因果来说，既然有被创生这个结果，当然有被创生的原因。也就是说，有了被创生这个果，这个果一定要运行（生长成灭、与其他事物交流、产生关系），运行则必然又要产生与之相应的结果。

所有事物的产生，必有其前因，即有果

必有因，同时，有因也必有果。

因果规律不以人的意志为转移，独立客观地存在于自然之中，制约着人事物的点点滴滴、方方面面、处处在在、时时刻刻。

5. 变化规律

变化规律就是从量变到质化的规律。事物总是经历着量的变化和质的变化，由量变到质化，质化后又会产生新的量变，这就是量变质化规律。有量的变化，未必有质的变化，质的变化一定因量的变化而最终发生的。

没有量变质化规律，就永远没法完全彻底地认知自然界各种变化。

量，既是有形物质所占空间的数字化表述，也是无形物质的位移、流动。

所谓**量变**，一方面是有形物质的空间范畴发生改变（如变大、变小、形变、空间位置移动等）；另一方面是无形物质的聚散、移动、流动等。

质，既是有形物质的根本构成物质，也是无形物质的根本构成因素。

质化也有两个方面：

一是有形物质的根本构成物质发生反应，化为另外的物质构成或组成成分；有形物质的根本构成物质发生反应，化为无形无质。

二是无形物质的构成因素发生根本反应，化为另外的构成因素或组成成分；无形无质的构成因素发生根本反应，化为有形物质。

6. 革新规律

万事万物，皆由阴阳构成。要么死亡，要么重生，不断蜕变、进化，淘淘糟粕，强化精华。在事物内部，有一方在不断促成自身的发展，而另一方却不断维系原状，两种力量互相角力、相互作用，这是自身在保持与发展之间的变化。

事物的生、长、成、灭的过程，是一个肯定→否定→否定之否定（即肯定，但这个肯定有别于前面的肯定，它却是更高层次的肯定），如此循环往复，导致事物螺旋式上升的变化规律，即否定之否定规律。否定之否定规律体现了事物的革新，因此可以称之为革新规律。

7. 数理规律

数，是所有事物的基本度量单位。事物在变化过程中，具体表现在数的递增或递减。事物的变化有如下形成：

等量递增；

等量递减；

倍增；

乘方型变化；

开方型变化；

不规律变化；

规律性变化；

规律性不规律性交替变化。

所有事物的变化都可以找出其数理的表述方式，并且遵循着某种数理的规律，这就是数理规律。

8. 位序规律

位，是所有事物所处的空间位置。

序，按时间流向可以划分为前后顺序（大的划分：过去、现在和未来），在这里，时间被约定为记录事物（有形、无形）从被创生到被灭绝的度量衡。

据此，位序是人、事、物都在动变之中，生长成灭的过程，是一个流变不止的过程。

而这一过程有着两重变化：

其一，空间位置在持续不断地变化着（包含位移、形变、内在为变换、质化等）。

其二，同一时间在不同空间、同一时间在同一空间、不同时间在同一空间、不同时间在不同空间的时间关系。

因此，位序规律指的是，所有物质（包括所有生命）在不同时间点上所处的位置，或者说在某一空间位置时的时间顺序。

9. 极反规律

所有事物的运动变化都有阴极、阳极和阴阳平衡点三个极：即相反、相对应的两个极点和至中的平衡点。事物的发展、变化总要经过起始、生长、平衡点、衰退、灭亡的过程；事物的发展、变化必然要经过由小到大、由弱到强到达一个大、强的极致状态，但是不会停留在这种状态下，在继续变化的过程中又往小、弱的方向发展变化。

阴极生阳，阳极生阴，至极即反；同样，在发展到平衡点时，不会在平衡点停留，而是继续向原来的方向发展变化。事物的发展、变化都会经过由阴极（小、弱、下、低、柔、冷前、内、虚……）到一个阴阳平衡点再到阳极的过程。反之亦然。

10. 恒变规律

恒的意思是不变、永久如一、固定、永远（没有时间界限），同时既非存在、也非非存在，是为存在提供存在环境的，是环境又非环境。恒本身没有大小，既非空间，也非时间。

变的意思是不定、持续动态，是存在有形的量变，有形无形相互的质化，无形存在的量变与质化的过程。

所有存在（包括实存在和虚存在）在

恒定不变的环境、非环境中持续不断变化着，生、长、成、衰、灭，这就是恒变规律。